Émile Littré

De la Science des Poisons considérés dans l'histoire

Sciences

 Le code de la propriété intellectuelle du 1er juillet 1992 interdit en effet expressément la photocopie à usage collectif sans autorisation des ayants droit. Or, cette pratique s'est généralisée dans les établissements d'enseignement supérieur, provoquant une baisse brutale des achats de livres et de revues, au point que la possibilité même pour les auteurs de créer des œuvres nouvelles et de les faire éditer correctement est aujourd'hui menacée. En application de la loi du 11 mars 1957, il est interdit de reproduire intégralement ou partiellement le présent ouvrage, sur quelque support que ce soit, sans autorisation de l'Éditeur ou du Centre Français d'Exploitation du Droit de Copie, 20, rue Grands Augustins, 75006 Paris.

ISBN : 978-1976343803

10 9 8 7 6 5 4 3 2 1

Émile Littré

De la Science des Poisons considérés dans l'histoire

Sciences

Table de Matières

De la Science des Poisons considérés dans l'histoire   6

De la Science des Poisons considérés dans l'histoire

TRAVAUX D'ORFILA.

On serait tenté de croire que de très bonne heure, dans les soupçons d'empoisonnement, la justice a eu l'idée de faire examiner le corps des victimes et d'y rechercher le poison. — Une substance vénéneuse avait été introduite, disait l'accusation : quoi de plus simple que de voir s'il en était ainsi et de prouver à la défense qu'elle avait tort en extrayant le poison, ou d'infirmer l'accusation en établissant que la mort était naturelle ? Cependant cette idée n'est simple qu'en apparence, et au fond elle est très complexe. Sans doute il est possible (et pourtant cela n'est pas sûr) que l'idée de rechercher la substance toxique dans les personnes qui avaient succombé se soit présentée à l'esprit lorsqu'il s'est agi de discuter une affaire d'empoisonnement ; mais les moyens de traiter une pareille question ont longtemps fait défaut, et en vain aurait-on voulu, dans les temps anciens, opérer scientifiquement, comme on fait aujourd'hui, sur les accusations d'empoisonnement, et mettre sous les yeux des juges la pièce probante, c'est-à-dire cette substance accusatrice qui sort des entrailles du mort pour confondre le meurtrier, ou bien réduire à néant des inculpations haineuses et aveugles, et trouver dans les symptômes et les lésions la marque incontestable d'une maladie spontanée. Ceci dépasse infiniment le pouvoir scientifique des âges antérieurs, et suppose un avancement de la chimie et de la pathologie sans lequel le problème demeure absolument insoluble.

Tout est connexe dans les choses de l'histoire, pour répondre avec une suffisante certitude aux questions que pose la justice, il faut d'une part isoler chimiquement le poison, et pour cela des connaissances chimiques très précises sont nécessaires. D'autre part, il faut connaître la marche des maladies naturelles et de celles qui soit d'origine vénéneuse, et pour cela des connaissances étendues en pathologie sont requises. Or la chimie n'a pu naître et se développer que quand la physique se fut établie, car que serait une chimie sans notions préliminaires sur la chaleur, sur l'électricité, sur le magnétisme, sur le son, sur la lumière, sur la pesanteur ? — et la pathologie n'a pu prendre consistance que quand les lois de la vie ont eu pour base les lois chimiques, car que serait une doctrine des êtres vivants où tout d'abord on ignorerait les compositions et décompositions élémentaires ? On le voit, pour que le juge interroge, pour que le médecin réponde, un immense développement doit se faire, qui ne comprend guère moins que la totalité de l'évolution humaine ou l'histoire, — la science de la chimie et celle de la vie n'ayant atteint un point suffisant d'élaboration que vers la fin du siècle dernier et au commencement de celui-ci.

On donne le nom de toxicologie à l'ensemble des connaissances qui ont pour objet les poisons, comprenant les caractères chimiques qui les distinguent, les effets qu'ils produisent sur les corps vivants, les remèdes qu'on peut leur opposer, et enfin les moyens à l'aide desquels on les reconnaît dans le corps des personnes empoisonnées. Le mot même est un exemple remarquable du trajet que font les significations. Sans parler de la finale qui, synonyme de *doctrine*, provient d'un primitif grec voulant dire *cueillir, ramasser*, ce qui indique comment d'une idée, purement physique on a fait une idée abstraite et purement intellectuelle ; sans parler, dis-je, de cette finale, — *toxique*, qui signifie en grec poison, vient du mot qui exprime l'arc ; par conséquent nous sommes reportés au temps où les peuplades grecques, placées encore à un état relativement primitif, empoisonnaient, comme font encore aujourd'hui plusieurs tribus sauvages, leurs flèches pour tuer le gibier ou les ennemis. Puis ce venin, destiné à la chasse ou à la guerre, est devenu le nom commun de tous les poisons ; enfin, transporté dans la langue anglaise, *intoxication* a pris le sens d'ivresse. En cet échantillon étymologique, on part de l'idée du mot *arc* pour arriver aux idées d'*empoisonnement* et d'*ébriété*, et l'on suit sans peine tous les degrés par lesquels l'acception primitive s'est transformée. C'est grâce à ce travail que, dans les langues, des mots divers sont venus à signifier une même chose, ou que des mots identiques sont venus à représenter des idées tout à fait différentes.

On peut appeler poison tout ce qui, n'étant pas alimentaire, engendre, une fois introduit dans l'économie par une voie quelconque, une maladie plus ou moins grave. Pour qu'il y ait empoisonnement, il faut qu'il y ait pénétration de la substance toxique, il faut qu'elle se combine, d'une façon ou d'autre, avec un ou plusieurs des éléments qui constituent le corps vivant.

Ce seul énoncé suffit pour montrer combien les poisons sont, par la nature même des choses, voisins des remèdes. À la vérité, pris dans son ensemble, le remède contient une foule de choses très diverses qui ne sont liées l'une à l'autre que par la propriété commune de modifier en bien l'organisme malade ; mais quand on les considère en un sens plus étroit et comme substance introduite dans le corps et destinée à y produire une action déterminée, les remèdes et les poisons se confondent tellement, que beaucoup ne diffèrent plus que par la dose, et quelques-uns des poisons les plus énergiques sont au nombre des remèdes héroïques. Il faut se faire une idée exacte de la situation des êtres vivants dans le monde qui les entoure. On ne peut en aucune façon se les figurer isolés ; toute existence organique et vivante (ces deux termes sont synonymes, et à notre connaissance il n'y a point de vie sans organisation) suppose un milieu ambiant qui fournit les éléments nutritifs, dans lequel sont rejetées les substances usées par le mouvement vital, et dont la réaction entretient le jeu des fonctions. Ainsi la terre, l'air, l'eau et les forces qui y sont immanentes, chaleur, électricité, lumière, affinité chimique, fournissent le sol où vit tout ce qui vit, et pour étendre jusqu'au bout cette idée capitale, la civilisation progressive forme un dernier milieu artificiel, mais de plus en plus puissant, et créant, pour les sociétés et les individus, des conditions de développement, de santé, de maladie, qui y ont toutes leurs racines. Dans ce milieu général se trouvent des choses particulières qui affectent d'une façon particulière aussi les organismes vivants : ce sont les remèdes et les poisons. Là, rien ne s'est deviné : des propriétés (que nous appellerons à bon droit occultes) n'ont été révélées que par l'expérience, car aucun indice, avant tout essai, ne pouvait faire prévoir que l'opium assoupissait, que l'iode agissait sur le goitre, que le mercure causait le tremblement, que le plomb amenait d'atroces coliques et la paralysie des membres, que la belladone dilatait la pupille, et tant d'autres phénomènes remarquables et spéciaux, trouvés par une recherche aveugle d'abord - et maintenant systématisée.

Donc, pour bien concevoir la position de l'être vivant et en particulier de l'homme, on ne le représentera comme en rapport non-seulement avec le gros des choses et l'ensemble cosmique où il est placé, mais encore avec une multitude de substances minérales, végétales, animales, qui ont une action directe sur lui. C'est par-là en effet que l'homme peut tant influer sur sa propre santé, sur sa propre conservation. Les influences générales ne sont pas à sa disposition : il ne régit ni la chaleur du soleil ni celle de la terre. Les modifications météorologiques ne lui sont pas plus soumises que les tempêtes qui ébranlent l'océan ; tout au plus peut-il, par un travail bien conduit, restreindre les forêts, resserrer les marécages, développer la culture et diminuer ainsi les causes de destruction. Mais ces choses particulières dont j'ai parlé (et la chimie en accroît continuellement le nombre), ces choses salutaires ou funestes, suivant l'usage qu'on en fera, sont là remises à son jugement et à son savoir comme autant d'instruments. Un célèbre médecin de l'antiquité, Hérophile d'Alexandrie, appelait les remèdes les « mains du médecin. » Toutes ces substances d'une action effective et spéciale sont, on peut le dire, autant de mains à l'aide desquelles on intervient dans la santé pour l'entretenir, dans la maladie pour la guérir.

Par un autre coté aussi, le poison tient de très près au remède, je veux dire par l'efficacité élective en vertu de laquelle l'un et l'autre modifient les parties vivantes. On se ferait une très fausse idée de cette action, si on se la figurait toujours sous l'image des acides ou des alcalis puissants. Ceci est une action qu'on peut appeler grossière et brutale ; l'acide et l'alcali, en vertu de leurs affinités, séparent les éléments des tissus vivants, s'en approprient quelques-uns, et de cette façon les désorganisant, les livrent immédiatement à la gangrène et à la mort. Il est bien clair que dans ces cas, quand la puissance délétère a corrodé l'estomac et les intestins, la vie n'est plus possible ; ce sont là de véritables blessures, et c'est comme le fer ou le plomb qui vient déchirer les organes. Mais dans beaucoup de circonstances les choses se passent tout autrement ; la lésion locale est nulle ou de peu d'importance, et cependant les accidents les plus graves se manifestent ; une profonde perturbation s'empare de toutes les fonctions, les rouages essentiels de la vie sont ou suspendus ou déconcertés, et tout se hâte vers une catastrophe.

D'où viennent ces effets formidables ? De deux conditions qui sont connexes : la première, c'est que le poison va, par son contact et sa combinaison, exercer une action déterminée sur un élément - déterminé aussi - du corps vivant ; la seconde, c'est que cet élément, ainsi modifié, modifie nécessairement à son tour celui avec lequel il a des rapports physiologiques, et ainsi de suite, jusqu'à ce que l'organisme tout entier se trouve engagé dans cette série croissante de troubles et de dérangements. Dès qu'un élément anatomique du corps est changé en quoi que ce soit, ses propriétés le sont également ; il produit sur les autres éléments une réaction différente de celle qu'il produisait auparavant ; ceux-ci s'altèrent de proche en proche, et c'est de la sorte et par cet enchaînement fatal (car il tient à des propriétés inhérentes) que dans ces cas la maladie se généralise et vient porter son empreinte en tous les points du corps.

Au fond, l'action du remède n'est pas autre. Lui aussi, changeant la propriété de tel ou tel élément, engendre une série de changements dont l'expérience a démontré l'utilité suivant les cas de maladie. Il faut donc descendre de la conception nuageuse qui mettait l'organisme entier en présence d'une substance elle soumettait pour ainsi dire à cet empire. Tous les termes intermédiaires faisaient défaut ; le corps se présentait comme quelque chose sans connexion avec le poison ou le remède, qui semblaient posséder des propriétés directes sur la vie même. Pourquoi l'un agissait-il et pourquoi l'autre se laissait-il modifier ? Nulle réponse ne pouvait être faite à ces questions, ou, pour mieux dire, on y faisait une multitude de réponses illusoires dont l'histoire formerait une bonne part des systèmes médicaux. On est sorti de cette situation si peu scientifique du moment qu'aux propriétés chimiques des substances actives et aux propriétés vitales des éléments anatomiques on a rattaché le point de départ du dérangement total. En un mot, entre l'action du remède ou du poison et la modification subie par le corps, on ne connaissait aucun rouage intermédiaire ; tout paraissait immédiat. Or, dans le fait, tout est médiat, et ce n'est que par une succession d'engrènements parfois, il est vrai, très rapide que les effets se généralisent.

Ici intervient la découverte essentielle d'Orfila, celle qui a donné une vraie originalité à ses recherches, et leur a imprimé le caractère de l'utilité à la fois théorique et pratique. Entre le contact du poison avec les surfaces digestives (car c'est par-là surtout que s'en fait l'introduction) et l'influence délétère qu'il exerce sur le système - se trouve une longue distance, une lacune qu'il s'agissait de combler. Le premier pas fut fait quand on reconnut que le poison ne restait pas immobile dans le lieu où il avait été déposé, mais qu'il était pris par les petites veines innombrables qui garnissent l'intestin, et de là charrié partout où le sang est porté. Un second pas, — et celui-là est dû à Orfila, — fut accompli quand on détermina davantage, cette absorption générale, démontrant que non-seulement la substance toxique est transportée dans le torrent circulatoire, mais encore qu'en beaucoup de cas elle choisit un lieu d'élection et va s'accumuler en certains organes. Là elle demeure jusqu'à ce que la mort survienne, ou que les forces et le traitement l'emportant, les dernières particules en soient éliminées. Le terme de la guérison est que définitivement tout le poison soit chassé par un travail inverse de celui qui l'avait introduit au sein de l'économie.

Ainsi, pour considérer l'empoisonnement en sa totalité, il faut y voir d'abord une introduction produite par la force absorbante des tissus, puis une élimination produite par la force décomposante de ces mêmes tissus. Il suffit de présenter ces deux faits, qui sont connexes, pour écarter toutes les idées qui ont si longtemps régné sur la finalité des opérations exécutées dans le corps vivant. Personne ne peut s'y méprendre : c'est une force manifestement aveugle, ou, en d'autres termes, nécessaire, qui détermine le transport à l'intérieur des substances toxiques ; car, si elle n'était pas aveugle et nécessaire, si la moindre lueur de choix et d'élection s'y pouvait apercevoir, elle écarterait loin d'elle ce qui va en peu d'instants plonger le système entier dans les désordres les plus étranges et les plus funestes. Pour me servir du mot *nature* avec le sens faux et métaphysique qu'on lui donne souvent, la nature se prend à tous les pièges qu'on lui tend ; on n'a qu'à lui présenter ce qui est le plus vénéneux et le plus mortel, elle l'absorbe aussitôt comme ce qu'il y a de plus inoffensif ou de plus sain, sauf à témoigner aussitôt son repentir par de graves perturbations, par des convulsions affreuses, par des lividités, des pâleurs, des hémorragies, symptômes très divers dont beaucoup ne font qu'aggraver le mal. Mais laissant de rôle ce langage d'une philosophie qui n'est jamais plus en défaut que dans la contemplation des êtres vivants, le repentir ici n'est pas autre chose que le déploiement de nouvelles activités également aveugles et nécessaires.

Il fut un temps, dans l'évolution scientifique de L'humanité, où la *téléologie*(ou doctrine des causes finales) forma une conception d'un ordre très élevé, suffisant à rallier toutes les notions positives que l'on possédait, et leur assurant une rationalité qu'elles n'auraient pas pu recevoir autrement lors de leurs premiers rudiments. Le plus grand et le plus légitime usage qui en ait été fait se trouve dans les écrits de Galien, alors qu'il donnait de la solidité et un charme réel aux études physiologiques, laissant loin derrière lui les brutes et incohérentes idées de ceux qui, ne voulant pas prendre l'issue, alors ouverte, des causes finales, n'avaient rien pour se soutenir et se guider. Plus tard, dans l'époque moderne, on continua l'œuvre de Galien, mais avec un succès décroissant ; car plus les faits s'accumulaient, plus ils devenaient incompatibles avec une doctrine qui n'est pas née sur le terrain positif. De tous côtés maintenant elle cède la place à une doctrine plus compréhensive, celle des conditions d'existence. Là est un champ immense et toujours réel, et la théorie qui s'y élève est à la fois pleinement solide, puisqu'elle n'a pour base que l'expérience, et pleinement rationnelle, puisqu'elle systématise incessamment l'expérience incessamment acquise.

Cela a été dans tous les temps un sujet de controverse que de savoir si réellement la médecine possédait quelque efficacité pour la guérison des maladies, et quoique l'exercice de l'art ne discontinuât point parmi les hommes, toutefois cette perpétuité pouvait, pour bien des raisons, ne pas paraître un argument suffisant. Le doute se fondait sur les cas où les malades succombent, bien qu'ils soient traités médicalement, et sur les cas où les malades guérissent, quoiqu'ils ne reçoivent aucun soin médical. Comme chaque maladie est, à vrai dire, une expérience qui ne peut pas se recommencer, pour voir si, en employant un procédé différent, elle se terminerait autrement, il restait par ce côté une impossibilité de démontrer que la médecine eût aucune efficacité. Mais si l'on veut, considérant l'idée de poison, en écarter pour un moment tout ce qui s'y rattache de funeste et de destructeur, on comprendra que les substances toxiques fournissent une preuve irrécusable de la puissance des moyens à l'aide desquels on peut agir sur l'économie vivante. Au fond, il suffit de généraliser complètement cette notion et d'y voir, non pas ce qui exerce une action nuisible, mais ce qui exerce une action, quelle qu'elle soit. À ce point, le poison, c'est le remède. Or à qui saurait-il être douteux qu'à l'aide d'une foule de substances on produise dans le corps les changements les plus variés et les plus considérables ? Le scepticisme ne portera aucunement sur la possibilité de modifier gravement l'organisme ; il ne peut porter que sur la possibilité de produire avec jugement, avec opportunité, ces modifications. La puissance est plutôt trop grande que trop petite, comme le montrent tant de poisons si promptement mortels sous la plus faible dose. On ne serait jamais embarrassé de causer chez l'être vivant les dérangements les plus singuliers, mais on est souvent, en effet, très embarrassé pour rendre ces changements profitables à l'homme malade. Ici. deux lumières interviennent, qui assurent la marche du médecin et lui apprennent à se servir avec utilité des moyens puissants qui sont à sa disposition : l'une, c'est l'expérience, qui a essayé les choses et montré les cas, les doses, les occasions ; l'autre, c'est la connaissance du corps malade, laquelle dérive fondamentalement de la connaissance du corps en âme. Par cette étude, le médecin acquiert une clairvoyance singulière, qui, dans mainte et mainte circonstance, lui permet de pénétrer en l'intimité des organes et d'apercevoir ce qui est pourtant caché à la vue. Quand il a ainsi déterminé le mal auquel il a affaire, il use avec fermeté et connaissance des moyens qui modifient profondément l'état des tissus et des fonctions.

Du côté de la pratique, la découverte d'Orfila porta immédiatement des fruits, elle étendit notablement les moyens de retrouver les poisons et de constater les crimes. En effet, tant qu'on ne sait pas que plusieurs substances toxiques vont se loger dans l'intimité de certains tissus, il peut arriver, même au chimiste exercé et pourvu de toutes les ressources de l'analyse, de laisser échapper de véritables cas d'empoisonnement. Le malheureux qui a succombé est déjà dans le cimetière, les véhicules où le poison a été administré ont disparu, même les intestins et l'estomac n'en contiennent plus de traces, et pourtant il est encore possible de produire des témoins accusateurs capables de confondre le coupable qui se croit le plus caché. Indépendamment du véhicule qui portait le poison, par-delà les membranes qui l'ont reçu, on sait qu'il est déposé en des réceptacles connus d'avance, prêt à reparaître dès que les affinités chimiques, habilement utilisées, l'appelleront à la lumière.

Ceci est véritablement un bon thème pour montrer sans conteste combien la médecine des modernes l'emporte sur celle des anciens : non pas que je prétende en tirer vanité au profit des uns et aux dépens des autres, car personne plus que moi n'est persuadé que nous ne sommes quelque chose que grâce au labeur de nos aïeux, et que les générations ensevelies ont droit à un culte reconnaissant de notre part ; mais c'est afin de faire voir comment les choses, par le progrès de la civilisation, se développent et s'améliorent ; c'est afin de signaler sur ce terrain particulier la loi de l'évolution générale et de modifier le point de vue auquel on aperçoit toujours l'antiquité. Elle, elle est jeune ; nous, nous sommes anciens, destinés à devenir jeunes à notre tour pour nos arrière-descendants, qui nous devront une part de leurs progrès et de leur civilisation. Si on avait proposé au plus habile médecin de la Grèce ou de Rome de décider en un cas donné s'il y avait eu ou non empoisonnement, il n'aurait pu répondre que de la façon la plus dubitative, n'ayant guère, comme le vulgaire, que des preuves morales à sa disposition. Nulle ouverture des corps, nulle connaissance des lésions anatomiques que produisent les maladies, nulle étude suffisante des symptômes et du diagnostic, nulle appréciation chimique des substances vénéneuses. Or c'est de tout cela que se compose l'histoire d'un empoisonnement. Comment donc faire pour le déterminer, si l'on manque de ces connaissances indispensables ? Un empoisonnement était pour nos prédécesseurs un problème insoluble ; il a fallu résoudre une foule de problèmes préalables avant de l'aborder ; la puissance intellectuelle de l'homme collectif croit comme sa puissance, matérielle, et ce qui à une certaine époque lui est interdit devient possible quand il s'est pourvu d'instruments logiques supérieurs en efficacité à ceux dont naguère il pouvait se servir.

Orfila, par ses recherches spéciales sur des poisons particuliers et par son ouvrage sur la toxicologie, donna une forte et féconde impulsion à ces études, qui occupèrent à l'envi les médecins et les chimistes. Des luttes vives éclatèrent, des objections s'élevèrent, des difficultés surgirent, si bien qu'un moment on crut que cette doctrine, si laborieusement construite, allait devenir inutile, au moins en quelques-unes de ses applications devant les tribunaux. Ce fut quand on découvrit que le corps humain, qui, comme on sait, renferme une portion notable de fer, contient ou peut contenir, sans empoisonnement, certaines substances métalliques vénéneuses. Comment alors discerner, en un cas donné, si cette substance est là par le fait d'un crime ou d'un état naturel ? Orfila s'employa avec ardeur à dissiper les doutes que suscitait cette complication inattendue du problème. De là, il fallut passer à l'examen du sol des cimetières, imprégné lui-même parfois de métaux toxiques. Or ces métaux peuvent pénétrer dans les corps qui y ont été ensevelis et qu'on exhume. Ces causes d'erreur ayant été signalées et éclaircies, Orfila laissa la toxicologie plus assurée en sa marche et en ses dires qu'il ne l'avait trouvée.

Les notions des anciens étant tout à fait rudimentaires, ils allaient chercher des preuves chimériques. Ainsi ils attachaient une grande importance aux taches et aux lividités ; ils supposaient que le cœur, cet organe essentiel, devait porter des traces de l'action violente qui avait éteint la vie, et ils croyaient ou qu'il se couvrait de marbrures, ou qu'il devenait incapable de se consumer dans la flamme du bûcher funéraire. Que dire de pareils arguments ? Quelle valeur auraient-ils devant les tribunaux ? Et si on leur en a jamais accordé, à quelles erreurs n'ont-ils pas dû donner lieu ? En cet état, la médecine était absolument impuissante à éclairer la justice ; aujourd'hui elle est une de ses lumières, et cette différence constate tout le progrès accompli. Quelques exemples de ce qui se faisait ou se disait dans l'antiquité à ce sujet le feront mieux ressortir encore.

Des bruits d'empoisonnement coururent, on le sait, après la mort d'Alexandre. Ceux qui pensaient alors que la mort avait été naturelle alléguèrent comme une preuve non petite que le corps, étant resté pendant plusieurs jours sans aucun soin, à cause des discordes des généraux, n'avait présenté aucune trace de l'action d'un poison, bien que déposé dans des lieux chauds et étouffants. Ceci témoigne, non qu'Alexandre ne fut pas empoisonné, mais que les historiens qui invoquent de tels arguments sont sous l'influence de ce préjugé qui fit croire longtemps qu'un corps empoisonné cède plus vite à la putréfaction. Les observations positives n'ont aucunement justifié ces idées préconçues ; la corruption inévitable de tout organisme de qui la vie s'est retirée et qui est livré aux affinités chimiques peut survenir très vite dans des cas où aucun poison n'a été administré, et réciproquement elle peut, suivant les circonstances, tarder beaucoup, même quand un poison a donné la mort. Au reste, dire que le corps d'Alexandre resta sans se putréfier au sein de la chaleur et de l'humidité, c'est, par un autre côté aussi, obéir à ces chimériques notions qui élevaient hors de l'humanité les grands hommes et voulaient même accorder à leurs dépouilles inanimé une vertu d'incorruptibilité.

Les historiens anciens se sont partagés sur la question de savoir si Alexandre avait été victime d'embûches secrètes. Quand on vit ce prince conquérant de l'Asie venir expirer à Babylone à moins de trente-trois ans, il n'est pas étonnant que des bruits aient circulé sur une fin si prématurée. Des projets gigantesques occupaient cet esprit actif et ambitieux qui sortait à peine de la jeunesse. Des députations lointaines étaient venues le visiter dans la vieille cité de Bélus ; il se préparait à faire le tour de l'Arabie, et on ne sait vraiment où il se serait arrêté si tant de puissance n'avait été soudainement arraché à tant d'activité. On eut de la peine à penser que le hasard seul de la mort eût choisi cette victime de qui dépendait un si grand avenir. D'ailleurs des indices pouvaient conduire dans cette voie. Durant le cours de ces campagnes qui avaient mené Alexandre jusqu'à l'Indus, bien des haines s'étaient développées dans le cercle de ses plus intimes officiers, et, soit qu'il se fût livré trop hâtivement à des soupçons, soit que réellement des complots eussent été tramés contre lui, il avait plusieurs fois sévi. C'était, pour une raison ou pour une autre, une cour dangereuse, un service semé d'écueils, et il n'y aurait rien eu d'étonnant à ce que de secrètes vengeances eussent couvé auprès de lui.

Au moment de la catastrophe, un homme surtout se trouvait dans une situation menacée et par conséquent menaçante : c'était Antipater, commandant en Macédoine. Une grande victoire remportée sur les Lacédémoniens, qui avaient fait une diversion dangereuse au moment où Alexandre était au fond de l'Asie, porta très haut sa renommée et sa puissance. On prétendait, que ses services avaient attiré sur lui, non la faveur, mais la haine et le soupçon ; de plus, la mère du roi, qui était en querelles continuelles avec Antipater, ne cessait d'exciter l'esprit de son fils contre ce général. Aussi est-ce lui que la rumeur accusa de la mort d'Alexandre.

À ces présomptions générales, on ajouta des détails plus particuliers. Sur le moment, dit Plutarque, personne n'eut le soupçon d'un empoisonnement, mais on rapporte que, la sixième année, Olympias mit à mort beaucoup de monde et qu'elle fit déterrer les restes d'Iolas, qui avait déjà cessé de vivre, comme étant celui qui avait administré le poison. Ceux qui disent qu'Aristote conseilla ce crime à Antipater, et que ce fut Antidater qui fit porter le poison, s'appuient d'un certain Agnothémis, qui prétendait le tenir du roi Antigone, et Antigone, comme on sait, fut un de ces généraux qui se disputèrent et se partagèrent, l'empire d'Alexandre. Il parait même qu'à Athènes les bruits d'empoisonnement trouvèrent un grand crédit, car au moment où cette ville, après la mort d'Alexandre, essaya de secouer le joug des Macédoniens, couronnant encore par quelques exploits glorieux cette dernière lutte pour sa liberté. Hypéride, un des orateurs qui tenaient avec Démosthènes contre le parti macédonien, proposa, dit-on, un décret pour que des honneurs fussent rendus à Iolas, qui avait délivré la Grèce de son formidable oppresseur. Cette croyance à l'empoisonnement pénétra loin dans l'opinion commune. Les livres sibyllins, apocryphes il est vrai, mais anciens, présentant comme futur ce qui était passé depuis longtemps, disent que le Mars de Pella trouvera, trahi par d'infidèles compagnons, la fin de son destin, et que, revenu de l'Inde, une mort cruelle le frappera dans Babylone, au milieu des festins.

On ne s'arrêta pas là, et on indiqua les moyens à l'aide desquels l'empoisonnement avait été pratiqué. À la vérité, comme on va le voir, nous touchons ici de tous côtés au récit populaire et à la légende. Il est en Arcadie, près d'un lieu nommé Nonacris, une source très froide que les Arcadiens assurent être l'eau du Styx. Il ne paraît pas que du temps d'Hérodote on eût attribué à cette eau des propriétés vénéneuses, car il en dit seulement que c'est un filet d'eau tombant d'un rocher dans un bassin, lequel est entouré d'un rebord en maçonnerie ; mais plus tard des dires étranges circulèrent sur cette eau mystérieuse : on prétendait que, dépourvue d'odeur et de saveur, elle n'en était pas moins un poison très subtil, exerçant une action coagulante à l'intérieur. Bien plus, elle ne peut être contenue dans aucune espèce de vase, elle perce le verre, le cristal, les métaux, et on n'a trouvé, pour la contenir et la transporter, que le sabot d'un cheval. De telles propriétés visiblement chimériques sont relatées par Vitruve, par Sénèque, par Pline, par Pausanias. C'est cette eau merveilleuse qui fut choisie pour l'empoisonnement d'Alexandre, et l'on comprend maintenant comment Aristote est impliqué là-dedans ; car, pour la légende populaire, il n'y avait que le philosophe - dont le savoir était aussi renommé que les conquêtes de son disciple - qui pût indiquer ce venin subtil et infaillible.

Ainsi préparé, le poison fut apporté par Cassandre, fils d'Antipater, à Philippe et à Iolas ses deux frères, qui étaient échansons du roi ; mais alors, comme leur charge les obligeait de goûter les mets et les breuvages, comment se fit-il qu'ils n'aient pas été eux-mêmes empoisonnés ? Justin, qui croit à l'empoisonnement, rapporte, qu'on leva ainsi la difficulté. Philippe et Iolas goûtèrent en effet d'abord le breuvage du roi, et ils n'ajoutèrent qu'ensuite le poison qu'ils tenaient dans de l'eau froide. C'est, comme il sera dit plus loin, l'artifice dont on se servit pour empoisonner Britannicus.

Manifestement, nous n'avons là que des contes sans consistance ; mais il se pourrait que, quoique l'imagination populaire eût fait les frais des moyens par lesquels le crime fut commis, l'empoisonnement n'en eût pas moins été réel. Ceux qui y croyaient remarquaient que Cassandre par ses actions mêmes témoigna la haine qu'il portait à Alexandre, et de la sorte se dénonça comme celui qui avait tranché la vie de ce prince, car plus tard, ayant acquis la souveraine puissance, il se montra animé de sentiments très hostiles pour tout ce qui concernait son ancien souverain, égorgeant Olympias, laissant son corps sans sépulture, et rebâtissant avec ardeur la ville de Thèbes qu'Alexandre avait détruite.

Ces détails prouvent, comme on le sait d'ailleurs par toute l'histoire de ces temps de trouble, que ce n'étaient pas les scrupules de la morale qui auraient arrêté ces hommes puissants se disputant l'empire. Un empoisonnement et un meurtre ne leur coûtaient pas beaucoup. Cependant de pareilles présomptions ne suffisent en aucune façon pour assurer qu'Alexandre mourut, non par une maladie, mais par un poison. Aussi plusieurs ajoutent-ils qu'au moment où il vida la coupe présentée par Iolas, il ressentit une douleur aiguë. Soudain, dit Diodore, comme s'il avait reçu quelque coup violent, il gémit et, poussant de grands cris, fut emporté dans les bras de ses amis. Justin ajoute que ses douleurs étaient telles qu'il demandait un glaive pour s'ôter la vie, et qu'il redoutait le moindre attouchement de ceux qui l'entouraient. Toutefois les assertions de Diodore et de Justin ne sont aucunement confirmées par un récit officiel que nous avons de la maladie d'Alexandre.

Alexandre avait deux historiographes, Eumène de Cardia et Diodore d'Erythrée, qui consignaient jour par jour les événements. Ce recueil fut publié ; il était connu dans l'antiquité sous le titre d'*Éphémérides royales*. Des détails peu importants s'y trouvaient, comme le reste ; ainsi nous apprenons dans ces *Ephémérides* qu'il arriva plus d'une fois au roi de Macédoine, après s'être enivré, de dormir deux jours et deux nuits de suite. Sa dernière maladie y a figuré, et des extraits concordants ont été conservés par Arrien et par Plutarque. Voici ce qu'ils disaient :

« Alexandre but chez Médius, où il joua, puis il se leva de table, prit un bain et dormit ; ensuite il fit le repas du soir chez Médius, et il but de nouveau très avant dans la nuit. C'était le 17 du mois de *daesius*.

« Étant sorti de là (c'était le 18), il prit un bain ; après le bain, il mangea un peu et dormit dans le lieu même, parce qu'il avait déjà la fièvre. Il se fit transporter sur un lit pour faire le sacrifice, et sacrifia chaque jour, suivant les rites. Après le sacrifice, il resta couché dans l'appartement des hommes jusqu'à la nuit. Là, il donna des ordres aux officiers pour l'expédition par terre et pour la navigation ; il enjoignit à ceux qui devaient aller par terre de se tenir prêts pour le quatrième jour, à ceux qui se devaient embarquer avec lui de se tenir prêts pour le cinquième. De là, il se fit transporter sur un lit jusqu'au fleuve, s'embarqua sur un bateau et se rendit dans le jardin royal, situé sur l'autre rive. Là, il prit de nouveau un bain et il se reposa.

« Le lendemain, il prit de nouveau un bain et fit le sacrifice ordonné. Étant allé dans sa chambre, il y resta couché et joua toute la journée aux dés avec Médius. Il commanda aux officiers de venir le trouver le lendemain matin de très bonne heure, puis le soir il prit un bain, fit le sacrifiée aux dieux, mangea quelque peu, se fit reporter dans sa chambre, et déjà il eut la fièvre toute la nuit sans interruption.

« Le jour suivant, il prit un bain, et après ce bain il fit le sacrifice. Couché dans la salle de bains, il passa le temps avec les officiers de Néarque, écoutant ce qu'ils disaient de la navigation et de la grande mer.

« Le jour suivant, il prit un nouveau bain, il fit les sacrifices ordonnés. Il ne cessa plus d'avoir la fièvre, et la chaleur fébrile fut plus grande. Cependant il fit venir les officiers, et leur recommanda de se tenir tout prêts pour le départ de l'expédition par eau. Il prit un bain sur le soir, et après le bain, son état se trouva déjà fâcheux ; la nuit fut pénible.

« Le jour suivant, il fut transporté dans la maison située près du grand bassin ; il fit, il est vrai, le sacrifice ordinaire, mais il avait beaucoup de fièvre. Il resta couché ; néanmoins, avec ses généraux, il parla des corps qui étaient privés de chefs, et leur recommanda d'y pourvoir.

« Le jour suivant, il fut porté avec peine au lieu du sacrifice, qu'il fit cependant ; il ne donna plus aucun ordre à ses généraux sur la navigation.

« Le jour suivant, ayant beaucoup de fièvre, il se leva pour le sacrifice, qu'il fit. Il ordonna aux principaux de ses généraux de passer la nuit dans la cour, aux officiers inférieurs de la passer dehors, devant les portes.

« Le jour suivant, il fut transporté du jardin royal dans le palais ; il dormit un peu, mais la fièvre n'eut pas de relâche. Les généraux étant entrés, il les reconnut, mais ne leur parla plus ; il avait perdu la parole, et il eut une fièvre violente la nuit.

« Le jour suivant et la nuit, grande fièvre. Les Macédoniens le crurent mort ; ils vinrent, en poussant de grands cris, jusqu'aux portes, et par leurs menaces ils forcèrent les *hétères* de les leur ouvrir. Les portes ayant été ouvertes, ils passèrent tous en simple tunique devant le lit.

« Le jour suivant, même état, et le lendemain le roi mourut vers le soir. »

Voilà le récit authentique. Est-il possible de l'interpréter médicalement ? D'abord remarquons que, dans tout le cours de ce récit, il n'est question que de l'état fébrile du roi, et qu'on ne mentionne aucun autre symptôme que de la fièvre. On ne parle ni de douleur en un point du corps, ni de gêne de la respiration, ni de toux, ni de rien, en un mot, qui puisse indiquer une inflammation locale. C'est donc une fièvre qu'eut Alexandre. Il y a dans la description que nous venons de citer assez de traits conservés pour qu'on puisse diagnostiquer, même rétrospectivement, quelle fut la maladie qui emporta le roi. Ce qui est caractéristique, ce sont les apyrexies du commencement. Une fièvre qui dure onze jours, qui offre à son début des intermissions et qui finit par devenir continue, est une de ces fièvres qui sont communes dans les pays chauds, et que plusieurs médecins de L'Algérie ont désignées sous le nom de pseudo-continues. Deux médecins ont déjà essayé de déterminer la maladie d'Alexandre ; mais, s'appuyant sur un passage mal interprété de Justin, ils crurent que la maladie du roi n'avait duré que six jours, et d'ailleurs ils ne se rendirent pas un compte exact de la série des jours dans les *Ephémérides royales* ; toutefois ce caractère intermittent les avait frappés. — Ainsi Alexandre est mort d'une de ces fièvres qui sont si communes en Algérie, en Grèce, dans l'Inde, et qui certainement règnent encore sur le bord de l'Euphrate. Dès lors, la question d'empoisonnement se trouve résolue ; puisqu'il est établi que son affection fut une fièvre, il est établi par cela même que le poison et encore moins l'eau du Styx n'y furent pour rien.

Eiphippus, dans son livre *sur la Sépulture d'Alexandre et d'Éphestion*, avait attribué la mort d'Alexandre à des excès de boisson, « Protéas le Macédonien, dit-il, était très grand buveur, jouissant néanmoins d'une bonne santé, car il était habitué. Alexandre, ayant demandé une large coupe, la vida avant Protéas. Celui-ci la prit, donna de grandes louanges au roi, et à son tour but la coupe de manière à s'attirer les applaudissements de tous les convives. Peu après, Protéas, ayant demandé la même coupe, la vida de nouveau. Alexandre lui fit raison avec courage ; mais il ne put supporter cet excès de boisson ; il se laissa tomber sur son oreiller, et la coupe lui échappa des mains. Ce fut là que commença la maladie dont il mourut, maladie infligée par la colère de Bacchus, à cause qu'il avait pris la ville de Thèbes, patrie de ce dieu. » On déchargera Bacchus de toute intervention dans la maladie du prince. À la vérité, des excès de vin peuvent, débilitant l'économie, la rendre plus accessible aux influences morbifiques ; mais Alexandre était dans un lieu où les causes qui produisent les fièvres intermittentes et rémittentes sont très puissantes ; il venait de faire avec quelques vaisseaux une promenade dans les marais que forme l'Euphrate au-dessous de Babylone, et c'était là un ennemi dangereux contre lequel ne pouvaient rien son invincible phalange et ses victoires, mais duquel un médecin habile et actif l'aurait peut-être préservé.

Que fit-on pour combattre la maladie ? Les *Ephémérides royales*, au moins dans les extraits qui nous ont été conservés par Arrien et Plutarque, omettent toute mention des médecins et des secours médicaux ; elles ne parlent que des sacrifices qu'Alexandre fit régulièrement et des bains qu'il prit avec non moins de régularité tant que ses forces le lui permirent. Les sacrifices lui avaient été prescrits pour détourner la colère des dieux. Les cérémonies religieuses exercent une influence morale qui dans certains cas peut être salutaire ; mais beaucoup de maladies, et entre autres les fièvres dont il s'agit ici, ne sont pas susceptibles d'être modifiées par ce genre d'action. Il ne resta donc des sacrifices auxquels Alexandre se soumit que la fatigue corporelle qu'ils lui imposèrent. Or toute fatigue, tout mouvement, tout effort tendent à aggraver le mal ; le repos et la tranquillité sont recommandés expressément, comme une condition de succès, par les médecins qui ont écrit sur ces fièvres. Alexandre sacrifia le premier jour de sa maladie, il sacrifia encore le second, le troisième, le quatrième, quoiqu'il fut déjà dans un état fâcheux ; le cinquième, il fut porté avec peine au lieu du sacrifice ; le sixième, il accomplit encore la cérémonie malgré le mal qui l'accablait, et ce ne fut qu'après avoir ainsi persévéré jusqu'à l'extrême limite de ses forces qu'il cessa les sacrifices ordonnés. On peut prononcer avec certitude que dans l'état fébrile où il se trouvait, il ne se livra pas impunément à ces dérangements et à ces efforts quotidiens, et que le danger qu'il courait déjà par l'effet seul de la maladie fut encore accru par les pratiques qui lui étaient imposées. Il ne faut pas porter un jugement plus favorable des bains qu'il prit avec constance pendant les six premiers jours de sa maladie ; les bains ne font pas partie du traitement dont les médecins modernes usent dans les fièvres dont nous parlons, et on peut dire que les médecins anciens ne les employaient pas non plus dans des cas semblables ; du moins Hippocrate ne veut pas qu'on y ait recours dans ces fièvres graves.

Émile Littré

Diodore de Sicile est le seul qui parle de l'intervention des médecins ; il se contente de dire qu'ils furent appelés et ne purent être d'aucun secours au roi. Nous ne saxons pas quels moyens ils employèrent ; mais il est certain que le genre de vie suivi par Alexandre dans sa dernière maladie tendit à multiplier les chances mauvaises et à rendre plus immanquable la terminaison funeste. Une maladie aiguë est toujours un grand péril à traverser ; il faut que le malade n'empire pas sa condition par des fautes, il faut que le médecin use habilement des opportunités qui se présentent et des ressources que l'art lui fournit. Un bon médecin anglais ou français, habitué à traiter les maladies des pays chauds, aurait employé les émissions sanguines au début, si l'état général et local l'avait exigé ; puis il aurait eu recours aux évacuants et au sulfate de quinine, et il aurait eu beaucoup de chances pour guérir son malade ; — un bon médecin des temps hippocratiques aurait employé le même traitement, sauf le sulfate de quinine, et aurait été secourable encore, quoique notablement moins que le médecin moderne ; — mais le roi de Macédoine, dirigé uniquement par des conseils superstitieux dans cet extrême péril, succomba malgré sa jeunesse et sa vigueur.

Les soupçons au sujet de la mort d'Alexandre, soupçons d'ailleurs démontrés faux par la pathologie, ne sortirent jamais du cercle des rumeurs et ne donnèrent lieu à aucune recherche. Il n'en fut pas de même d'une autre mort prématurée que la clameur publique attribua au poison, je veux dire celle de Germanicus. L'affaire fut plaidée dans le sénat. L'accusé, avant sentence rendue, mit fin à ses jours. Germanicus avait été envoyé dans l'Orient. En même temps Pison reçut le commandement de la Syrie. Ce gouverneur montra contre Germanicus un esprit d'insubordination et de violence qui se porta aux dernières extrémités. Sa femme Plancine ne resta pas en arrière de son mari, et quand Germanicus eut succombé, Pison et Plancine témoignèrent la joie la plus odieuse, l'un renversant par ses licteurs les sacrifices offerts à Antioche pour le salut du jeune César, et l'autre quittant, à la nouvelle de la catastrophe, le deuil qu'elle portait pour la perte d'une sœur. Aussi, en présence de cette conduite aussi étrange que coupable, tout le monde à Rome crut que Germanicus était mort du poison, et on ne s'arrêtait pas à Pison, on supposait que celui-ci n'avait agi que par les ordres de

Tibère, jaloux de la faveur singulière dont Germanicus jouissait parmi les Romains. La suite montra jusqu'à quel point allait cette haine de Tibère. La fière et vertueuse épouse de Germanicus, Agrippine, périt reléguée dans une île, après avoir eu un œil crevé d'un coup de bâton donné par un centurion. De ses deux fils aînés, Néron fut mis à mort dans une île, par la faim probablement, entraînant dans sa chute plusieurs personnages distingués et même leurs esclaves. C'est ainsi que Titius Sabinus, avec tout son monde, fut exécuté et jeté aux gémonies, et là, aux yeux d'une multitude assemblée, se passa un spectacle singulièrement touchant : le chien d'un de ces esclaves égorgés parce que leur maître était ami du fils de Germanicus ne voulut pas abandonner le corps du malheureux auquel il avait appartenu, et alla périr dans les flots du Tibre quand le Tibre emporta le corps inanimé. Quelle société que celle où l'on abandonnait tous ces cadavres des suppliciés au courant du fleuve qui traversait la grande ville ! Le second fils, Drusus, mourut aussi de faim dans un réduit du palais. Ajoutons que, Pison ayant été condamné après sa mort par le sénat, Tibère adoucit l'arrêt et sauva complètement Plancine des suites de l'accusation.

Mais tant de cruautés exercées contre cette famille infortunée ne prouvent pas que Tibère en eût fait disparaître le chef. Dans les détails de l'affaire, on trouve que le palais où Germanicus gisait malade était rempli de toutes sortes de maléfices par lesquels la superstition croyait alors, et crut longtemps après, abréger la vie. Ceci montrait beaucoup de haine de la part des ennemis du prince ; les maléfices sont de vaines armes qui n'agissent que sur l'imagination, et il parait pourtant qu'à ce titre, mais à ce titre seulement, Germanicus en souffrit. Un de ses lieutenants envoya à Rome, pour figurer dans le procès, une sorcière célèbre par ses maléfices et ses empoisonnements ; cette femme mourut dans le trajet, et on accusa Pison de l'avoir fait périr. Vitellius, un des accusateurs, allégua, pour prouver l'empoisonnement, que le cœur de Germanicus n'avait pu être consumé par le feu du bûcher. Il est difficile de croire à la réalité de ce fait ; en tout cas, si le cœur ne fut pas consumé, cela tient à quelque hasard de la combustion, et il n'y a rien à en conclure pour la question de l'empoisonnement. De plus, les accusateurs ne savaient dire où et quand le poison avait été administré. Ils prétendaient à la vérité que Pison, dans un repas, couché au-dessus de Germanicus (on sait que les Romains mangeaient couchés), avait de sa main empoisonné les aliments du prince ; mais cela ne paraissait possible à personne, au milieu de serviteurs étrangers, en présence de Germanicus et de tant d'assistants.

La défense alléguait le genre de maladie qui avait emporté le jeune prince ; probablement elle fit valoir la durée du mal, l'amélioration momentanée qui s'était manifestée, et enfin les incompatibilités qu'elle crut apercevoir entre les symptômes et une affection causée par le poison. Ce qui est remarquable, c'est qu'on ne fit comparaître devant le sénat aucun médecin pour leur demander leur avis. En définitive, Germanicus, durant sa maladie, crut, et sa femme, ses amis, crurent avec lui qu'il succombait à un empoisonnement. Il leur fit promettre de poursuivre la vengeance de sa mort ; mais devant le sénat les preuves positives firent défaut. L'accusé réfuta les allégations, et comme il ne nous a été conservé aucun détail sur la maladie, il est impossible de faire un pas de plus et de dissiper ou d'aggraver le soupçon qui pèse sur Pison et sur sa femme.

On voit par tout ce qui transpire de cette société ancienne, même à travers un si long espace de temps, qu'il y avait là des officines de poison, étroitement liées d'ailleurs avec la sorcellerie et la magie, qui étaient si curieusement cultivées dans le secret de la superstition romaine. Il est certain aussi que, malgré l'ignorance où l'on était de la chimie, ces ateliers de crimes savaient produire des poisons très énergiques. Sénèque, dans une phrase acerbe pour les mœurs de son temps, donne à ces préparateurs le titre de grands artistes, et dit que leurs mixtures n'offensent ni le goût ni l'odorat. On a une preuve de leur puissance dans un empoisonnement qui n'est sujet à aucun doute, à savoir celui de Britannicus.

Les Romains avaient l'habitude de boire de temps en temps des verres d'eau chaude ; cela faisait partie de leur régime, et montre combien les goûts et les usages changent de siècle à siècle et de peuple à peuple, apporter cette eau au point juste de chaleur qui plaisait était une grande amure pour les serviteurs, et Arrien, dans ses préceptes de morale, recommande aux maîtres de ne pas se livrer à des accès de colère contre l'esclave qui servait le breuvage trop chaud ou trop froid. Ce fut à l'aide de cet usage qu'on empoisonna Britannicus sans empoisonner le dégustateur.

Les enfants de la maison impériale, avec quelques enfants des grandes familles romaines, mangeaient à une petite table où ils étaient assis ; les parents mangeaient couchés à une grande table. Un serviteur apporte à Britannicus l'eau beaucoup trop chaude, il la repousse, on y verse de l'eau froide, mais de l'eau froide empoisonnée, et à peine a-t-il bu qu'il perd aussitôt la voix et la respiration. À ce spectacle, Agrippine fut frappée de consternation ainsi qu'Octavie, la sœur de la victime. Néron prononça les mots que Racine a mis dans sa bouche ; mais ce qui est bien plus tragique que la tragédie, ce qui fait pénétrer bien plus avant dans l'abîme de cette cour si profondément vicieuse, après un court silence, le repas recommença avec une gaieté apparente et comme si de rien n'était. Sans doute on emporta Britannicus, et il acheva d'expirer tandis qu'on achevait de dîner. Toujours est-il qu'un effet très rapide fut produit et que le jeune homme tomba promptement en défaillance. Quelles étaient ces préparations vénéneuses qui attaquaient si rapidement les ressorts de la vie ? Déjà on avait vu, sous le règne de Tibère, un chevalier romain, accusé du crime de lèse-majesté, avaler dans le sénat même du poison, et tomber mourant aux pieds des sénateurs. Des licteurs l'emportèrent en hâte dans la prison, et, quand ils voulurent l'exécuter, ce n'était plus qu'un cadavre. Parmi les poisons connus maintenant, il n'y en a qu'un petit nombre capables de causer une aussi prompte destruction. Plusieurs viennent de contrées qui alors n'avaient point de communication avec l'empire romain, et il ne reste guère que l'acide hydrocyanique auquel on puisse songer. Plusieurs fruits à noyaux le contiennent ; il n'est pas impossible que ces grands artistes dont parle Sénèque aient réussi, dans leurs manipulations multipliées, à rencontrer quelques combinaisons meurtrières où cet acide avait place. C'est ainsi que les alchimistes, à force, de chercher, de souffler, de fondre, de combiner, avaient mis la main sur des substances singulièrement actives et précieuses, telles que l'eau-de-vie, certains acides énergiques, le phosphore, etc.

Ceci n'est qu'un coin de la société romaine sous les premiers empereurs. À côté de l'habitude et de la facilité d'user du poison était l'impossibilité véritable de retrouver les traces du poison et de convaincre les criminels. Ces deux choses sont connexes par le fait, mais elles le sont aussi par le fond même des choses et par une nécessité profonde qui tient aux lois même de l'histoire ; en d'autres termes, à chaque degré de l'évolution de l'humanité correspond un certain degré déterminé de la moralité générale.

Dans de certaines époques d'une érudition mal digérée, on s'est souvent plu à imaginer que les peuples anciens avaient possédé des sciences très développées que les modernes ne faisaient que retrouver successivement. En considérant la chose d'une façon abstraite et avant toute enquête, il ne serait pas impossible qu'en effet des peuples antiques, par un travail semblable au nôtre, fussent arrivés à un point égal ou supérieur, et que quelque grand accident naturel, des inondations, des cataclysmes, des enfoncements de continents, des déplacements de mers, des pestes infiniment plus violentes que le choléra ou la mort noire du moyen âge, eussent détruit toute cette civilisation et l'eussent ramenée à l'état sauvage ; mais rien ne prouve qu'il en ait été ainsi. Ce sont des jeux de l'imagination, et quand on en vient aux faits eux-mêmes, on ne trouve que la série historique connue, qui va, en remontant des peuples modernes, jusqu'aux époques les plus reculées de l'Égypte. Maintenant, si l'on veut, en quelqu'un des points de cette série, placer des sciences très avancées, on sera soudainement arrêté par un obstacle : c'est que ces sciences supposent un tout autre ordre de choses que celui au milieu duquel on prétend les intercaler. Que l'on donne, si l'on veut, aux Égyptiens sous les pasteurs ou sous des pharaons encore plus anciens la connaissance du système du monde, de la gravitation universelle et de la forme de la terre, et qu'on se demande à quelles conditions cela aurait pu être su : il fallait tout le développement mathématique jusqu'au calcul différentiel et intégral, il fallait tous les travaux sur la pesanteur, il fallait aller porter le pendule sous l'équateur. De plus, si un pareil travail avait été fait, des esprits assez curieux et assez sagaces pour pénétrer si loin dans les secrets du monde auraient étendu leurs regards sur la chimie, sur la biologie, sur la science sociale ; tout se serait senti de cette élaboration générale, et quelque chose de semblable à notre civilisation aurait nécessairement apparu dans ces temps antiques. Or, comme rien de pareil ne s'y montre, il faut, remontant de proche en proche la chaîne des notions communes, dire que l'état des connaissances en astronomie et en mathématiques ne pouvait dépasser ce qui est indiqué par l'état de l'ensemble social.

Ces relations résultent des conditions mêmes qui font de la société un grand corps et qui ne permettent pas qu'une partie se développe sans que toutes les autres éprouvent une évolution correspondante. Plus on les appréciera, plus l'érudition deviendra ferme et fructueuse. L'histoire a fait un pas considérable en recevant dans sa doctrine générale cette grande notion des rapports et des coexistences. Par une connexion toute naturelle, ce qui est vrai de la science ne l'est pas moins de la morale. Il y a aussi dans ce domaine des correspondances nécessaires et des niveaux successifs ; il ne s'agit pas ici des actes individuels, car, sans doute, en tout temps et en tout lieu se sont produites les actions les plus héroïques et les plus criminelles ; mais il s'agit de cette moralité collective, de cette opinion publique qui, suivant les époques, permet et défend. Or celle-là est sous la dépendance certaine de l'ensemble des choses sociales ; elle n'est la même ni dans l'âge du paganisme gréco-romain, ni dans les siècles où l'église et la féodalité dominèrent, ni dans la période de dissolution révolutionnaire qui ébranla l'édifice du moyen âge. Comme la science croissante a pour effet de faire prévaloir les idées générales, la moralité croissante a pour effet de faire prévaloir les intérêts généraux, et celui qui descendra du monde antique au monde catholico-féodal et enfin au monde moderne verra que tel est, dans l'ordre du savoir et dans l'ordre du sentiment, le développement historique.

La nature, mère de toutes les bonnes choses, l'est aussi de toutes les mauvaises, produisant avec une abondance cruelle les poisons de toute espèce. Le règne minéral en offre de nombreux ; une foule de plantes sont vénéneuses ; plusieurs animaux sont pourvus de virus très dangereux ; dans bien des maladies, certaines humeurs deviennent les véhicules d'empoisonnements actifs : enfin la fermentation et la putréfaction, qui sont perpétuellement en jeu, donnent lieu à des émanations délétères. Ceci est l'image réelle et la cause profonde de ce qui se passe dans le monde moral, offrant, lui aussi, toutes sortes de choses mauvaises, qui sont les penchants malfaisants, les vices et les crimes. Mais de même qu'une sage industrie tend à réfréner les influences nuisibles qui abondent dans la nature, de même une sage morale tend à diminuer l'empire des penchants personnels et à augmenter celui des penchants généraux. À ce terme, il n'est pas besoin d'ajouter que, pour l'industrie qui améliore nos champs et nos arts comme pour celle qui améliore le monde social, la science est la grande ouvrière.

La médecine, qui est aujourd'hui une arme puissante dans les mains de la justice, n'est devenue capable de remplir un tel office qu'à force de travaux et de découvertes, et ces travaux, ces découvertes, longtemps l'opinion publique les lui a interdits. Dans l'antiquité, elle était privée d'une ressource essentielle, l'ouverture des corps de ceux qui ont cessé de vivre et l'examen des lésions qui ont amené la mort. Des croyances vigilantes et sévères environnaient les dépouilles mortelles et les protégeaient contre la recherche scientifique, qui ne semblait qu'une curiosité impie et coupable. À la vérité, les rois grecs de l'Égypte permirent à l'école active et mémorable d'Alexandrie de porter la main sur le corps humain ; mais bientôt cette anomalie, cette révolte contre l'opinion régnante, disparut, et le célèbre Galien, qui a composé des livres d'anatomie, excellent résumé de tout ce que les anciens surent en ce genre, n'avait jamais disséqué que des singes. Dans une pareille situation, il ne pouvait être question d'aller à la poursuite du poison introduit, et ceux-là même qui étaient le plus persuadés de l'empoisonnement de Germanicus, sa femme, ses amis, firent brûler le corps du jeune prince, détruisant ainsi tout moyen de constater un crime. Mais qui songeait alors que les particules vénéneuses pussent être retrouvées par une science profonde et un art subtil ? Et qui ne voit aujourd'hui la singulière et étroite liaison de toutes les choses sociales ? Tandis que les croyances théologiques du paganisme défendaient de toucher aux restes de la mort, par une concordance véritablement historique la science était hors d'état d'utiliser ces recherches, quand même elles eussent été permises ; au fond, l'interdiction qui les frappait et l'impuissance scientifique étaient des faits de même ordre et de même date.

Ce fut au moyen âge et dans le courant du XVIe siècle que les papes, faisant taire les anciens scrupules, autorisèrent les dissections. Ainsi, dans sa seconde moitié, le moyen âge posséda ce qui avait manqué à l'antiquité païenne, la possibilité d'étudier, sans qu'il y eût souillure pour la conscience ni danger pour l'investigateur, la structure humaine sur l'homme même. On remarquera en même temps que cet âge fut adonné avec passion à l'alchimie, l'alchimie qui, chimérique sans doute en ses rêves de transmutation et de panacée, fut pourtant singulièrement féconde en faits positifs, en trouvailles singulières, en substances actives. L'alchimie, philosophiquement considérée, est un des caractères les plus saillants du moyen âge, un de ceux qui en marquent le mieux la force et la capacité progressive.

Le XVIe siècle, Vésale en tête, renouvelle l'anatomie, et de la sorte la médecine commence à s'approcher du moment et de l'état où elle pourra aborder le grand problème de la toxicologie. En effet, à côté de l'anatomie régulière et après elle se développe ce qu'on appelle l'anatomie pathologique, c'est-à-dire l'étude des traces que la maladie laisse dans le corps, des lésions qui ont rendu les organes impropres à leur office. Dans ces perquisitions, les poisons eurent leur place ; il fut reconnu que la plupart altéraient de toute façon les tissus vivants. Si dans ces altérations il y avait eu quelque chose de tout-à-fait spécial, le problème se trouvait résolu ; la médecine n'avait aucun secours à emprunter pour déclarer que, dans telle et telle circonstance, il y avait ou n'y avait pas eu empoisonnement Mais la chose n'est pas aussi simple ; il est des maladies spontanées qui, dans les organes, produisent des lésions difficilement discernables de celles qui sont l'effet des poisons, et dès lors toute conclusion est atteinte d'une incertitude trop réelle pour qu'on y attache des arrêts de vie ou de mort.

Pendant que la médecine cheminait, l'alchimie, par une transformation dont ce n'est pas ici le lieu de rappeler l'histoire, était devenue la chimie, démontrant d'une façon péremptoire qu'aucune matière ne se perd, et se faisant fort de retrouver dans les corps composés les corps composants. Qu'on observe encore ici avec attention les coïncidences nécessaires de l'évolution historique : ce fut dans le courant du XVIIe siècle et particulièrement dans la seconde moitié du XVIIIe que la chimie se constitua ; ce fut aussi à ce moment que la médecine se trouva en état d'user des nouveaux secours qui lui arrivaient. On peut le dire, dans tout le cours de son développement il ne s'était encore offert à elle nul événement qui la servit si bien dans ses recherches propres, et tout d'abord elle en usa pour se mettre à la trace du trajet que parcourent les poisons dans le corps. Ce qui avait été impossible à l'antiquité, au point qu'elle n'en dut pas même concevoir la pensée, se présenta comme un problème parfaitement soluble auquel on mit la main.

Émile Littré

La solution a été obtenue : elle est pleinement générale et satisfaisante tant qu'il s'agit de poisons minéraux. Le métal n'est sujet à aucune décomposition ultérieure, et tel il est introduit dans l'économie, tel il se retrouve, après s'être mélangé aux boissons, aux aliments, aux humeurs, après avoir circulé avec le sang, après s'être logé dans les dernières profondeurs des organes. Mais il n'en est plus de même pour les poisons organiques, c'est-à-dire les poisons qui viennent des végétaux ou des animaux ; ceux-là sont des substances composées, parfois très complexes ; les éléments s'en dissocient facilement, et dès lors manque cette persistance, cette identité qui, dans les empoisonnements métalliques, assure tellement les investigations. Devant ce nouveau problème, la chimie n'est restée ni inactive, ni impuissante ; elle sait retrouver quelques poisons végétaux, mais elle est loin de les reconnaître tous, et là, en bien des cas, elle n'a plus que des présomptions en place des certitudes qu'ailleurs elle peut offrir à la conscience du juge.

Orfila eut plusieurs grandes occasions d'éclairer la justice, soit en montrant qu'en effet un poison avait été administré, soit en faisant crouler l'accusation, comme il arriva dans un cas où un homme était soupçonné d'avoir causé la mort à l'aide de l'acide prussique. La sûreté des conclusions, la lumière portée dans le secret du crime, la tranquillité donnée à la conscience du juge, tout cela forme un résultat véritablement digne de louange, un résultat qui recommande une mémoire aux souvenirs.

Nous venons de suivre dans ses principales évolutions, et en insistant à dessein sur quelques épisodes trop négligés par les historiens scientifiques, une partie importante de la médecine. Dans les temps antiques, aux yeux de la science rudimentaire, le poison et le corps vivant sont en présence immédiate : le poison une fois introduit, l'homme succombe, par un effet, ce semble, de totalité qu'exerce la substance vénéneuse et par une agression directe sur la vie. Plus tard, l'examen faisant un pas, on s'aperçoit que maintes fois les membranes qui l'ont reçue sont altérées dans leur texture. Plus tard encore, on reconnaît que l'agent délétère est absorbé et pénètre dans le sang. Enfin, dans un dernier degré qui est le point actuel, marqué par Orfila, on poursuit la substance vénéneuse jusqu'à certains nids qu'elle va chercher de préférence et où elle demeure fixée. Cela est le fruit du travail médical : cause, symptômes, lésions de tissus, traitement - dans les limites du possible tout est recherché, retracé, déterminé. Aussitôt que ce travail médical, suffisamment poursuivi, donne des résultats sur lesquels on puisse compter, il s'étend à un domaine qui semblait complètement étranger, et il devient, en des circonstances essentielles, une lumière pour la justice. Néanmoins, tout en signalant les services rendus par les physiologistes et les médecins, il est évident qu'en cette voie ils n'ont rien pu sans le secours d'une autre science, la chimie, qui a procuré les moyens de suivre à la trace les substances introduites et de les dégager de leurs combinaisons. Ce fait d'histoire scientifique exclut l'antiquité de toute connaissance étendue de la toxicologie, surtout en ce qui concerne la recherche du poison. Ainsi, tandis que l'un analyse des acides et des alcalis, recueille des gaz. et pèse tout ce qui entre et tout ce qui sort, construisant la théorie de ces combinaisons et décombinaisons, travail moléculaire du monde entier ; tandis que l'autre porte un œil curieux sur les dépouilles de la mort, dissèque des fibres, et suit le mouvement des fluides, établissant le système des notions relatives à la nature vivante, — voilà que du sein de ces investigations toutes spéculatives s'échappe un rayon de lumière qui assure la justice : vif et puissant caractère de la vérité abstraite qu'on ne peut ni trop chercher pour elle-même, ni trop apprécier pour les utilités attendues ou inattendues qu'elle fournit !

ISBN : 978-1976343803

Émile Littré